植物的繁殖

撰文/宋馥华　　审订/许圳涂

中国盲文出版社

怎样使用《新视野学习百科》？

> 请带着好奇、快乐的心情，展开一趟丰富、有趣的学习旅程！

1 开始正式进入本书之前，请先戴上神奇的思考帽，从书名想一想，这本书可能会说些什么呢？

2 神奇的思考帽一共有6顶，每次戴上一顶，并根据帽子下的指示来动动脑。

3 接下来，进入目录，浏览一下，看看这本书的结构是什么，可以帮助你建立整体的概念。

4 现在，开始正式进行这本书的探索啰！本书共14个单元，循序渐进，系统地说明本书主要知识。

5 英语关键词：选取在日常生活中实用的相关英语单词，让你随时可以秀一下，也可以帮助上网找资料。

6 新视野学习单：各式各样的题目设计，帮助加深学习效果。

7 我想知道……：这本书也可以倒过来读呢！你可以从最后这个单元的各种问题，来学习本书的各种知识，让阅读和学习更有变化！

神奇的思考帽

客观地想一想

用直觉想一想

想一想优点

想一想缺点

想得越有创意越好

综合起来想一想

? 植物有哪些繁殖方式？

? 你最想改变哪种水果的产期？

? 品种改良为我们的生活带来什么好处？

? 植物的有性繁殖有什么缺点？

? 你想利用嫁接技术创造什么样的奇特植物？

? 为什么植物会有这么多种繁殖方式？

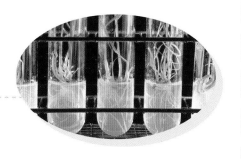

目录

■神奇的思考帽

CONTENTS

■专栏

植物如何繁殖

（金莲花，摄影/钟惠萍）

植物为了延续族群生命，发展出各种繁殖方式，大致上可分为有性繁殖和无性繁殖两种。蕨类、苔藓类等低等维管束植物则进行孢子繁殖。

有性繁殖的研究

高等植物大多进行有性繁殖，有性繁殖是指雌、雄性细胞经过融合后，发育出可以作为繁殖体的种子，所以又称种子繁殖。有性繁殖的第一步便是花的形成。

植物的繁殖方式有很多种，以水仙为例，水仙可以使用种子繁殖，也可以使用鳞茎进行无性繁殖；由于鳞茎累积的养分比种子还丰富，生长较为快速。（图片提供/达志影像）

一般烟草都在夏季开花，美国两位学者却利用在冬季开花的突变品种，证实了光周期的存在。（图片提供/达志影像）

植物在什么条件下开花一直是大家关心的问题。1920年，美国学者加纳与欧勒研究一种名为"马利兰巨象"的烟草突变品种，它不像一般烟草在夏季开花，而是在12月开花；经过一连串实验，证实了"日照长度"（又称光周期）可以影响开花时间，这是人类首次以科学方式调控花期。1936年，前苏联科学家柴拉轩提出"开花素"学说，认为植物接受环境诱导后会

光敏素

美国学者加纳和欧勒发现光周期会影响开花，那么植物是如何接收光周期的信息呢？科学家发现植物的叶片

植物的叶片有光敏素，会传递开花信息到茎顶的生长点，形成花苞。

有一种极微量的"光敏素"，光敏素有两种形式，一种是白天吸收红光，另一种是夜晚吸收远红光；后者是将光周期信息传递出去的主要角色，所以植物的光周期现象其实是由夜晚的长度来决定植物的开花与否。

特殊或名贵的花卉经常借由无性繁殖来保存品种特性，右图为蓝眼菊属的车轮菊，其卷曲的舌状花，造型奇特高雅，有如轮盘。（图片提供/维基百科，摄影/Jon Sullivan）

产生开花素，让植物形成花芽。之后数十年，无数科学家努力寻找这种"开花素"物质，却都铩羽而归；直到植物激素陆续被发现，大家才逐渐明白开花是由环境因子与数种植物激素共同作用的结果。目前人类已能由控制日照长度、温度和施用类似植物激素的合成物质来促使植物开花，但对于更详细的原理却仍未能掌握。

无性繁殖的发展

有些植物一年只繁殖一次，有些植物产出的种子数量很少，更有些植物连种子都无法形成（如三倍体的香蕉），好在植物还可以进行无性繁殖。无性繁殖通常是指利用植株的营养器官（根、茎、叶

等）作为繁殖体，使其再生、形成独立个体，所以又称营养繁殖。由于无性繁殖培养出的新植株与母株的遗传物质完全相同，因此可以保存品种特性，对许多优良品种或多年生的作物来说，有性繁殖反而成为品种改良时才采用的次要选择。

除了传统的分株、扦插、嫁接与压条等无性繁殖方式，20世纪初植物学家开始发展"微体繁殖"技术，就是将植物微小的组织放在富含养分的培养基中培育，使它再生出新植株。

1962年由美国学者穆拉希格与斯科克（Murashige & Skoog）研究出的培养基配方（称为MS培养基），至今仍是微体繁殖的标准配方，这个发明使得微体繁殖更科学和有效率。（图片提供/达志影像）

高等植物的繁殖器官

（杜鹃花瓣五裂，是双子叶植物。）

高等植物包括裸子植物和被子植物，都能进行有性繁殖，结出种子。在繁殖过程中，花朵或球果、果实和种子都是繁殖器官，它们的形态因种类而异，因而成为植物辨识和分类依据。

美国黑松的雌雄异花同株，黄色为雄球果，绿褐色是雌球果。（图片提供/达志影像）

裸子植物的繁殖器官

裸子植物因种子没有子房保护、裸露在外而得名，属于比较原始的高等植物，松、杉、柏科等针叶树都属于此类。这类植物所结出的圆形或椭圆形木质球果，就是它的繁殖器官。球果由木质化的鳞片所构成，不是真的果实，而是让花粉（即高等植物的雄配子体，能产生精细胞）或胚珠（即高等植物的雌配子体，能产生卵细胞）附着，有雌雄之分。花粉就藏在雄球果的鳞片基部，当球果成熟时，鳞片会打开，让花粉传播至雌球果

单子叶植物（如图中的百合）的花瓣数通常是3或3的倍数。

松树借由风来传送花粉，使雌球果内的胚珠受精，形成种子。种子长有如翅膀般的薄膜，可以随风飞散，降落地面后，萌发成小苗，继续生长。
（插画/黄钧佑）

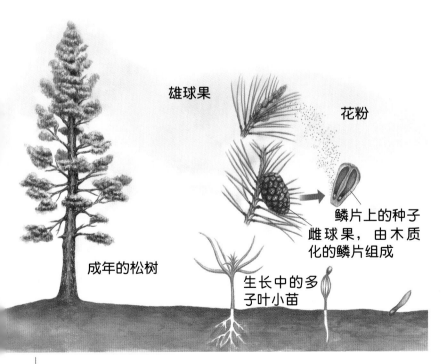

雄球果

花粉

鳞片上的种子

雌球果，由木质化的鳞片组成

成年的松树

生长中的多子叶小苗

内，使胚珠受精，产生种子。种子发育成熟时，雌球果会在晴天时打开，让有翅的种子随风飞散，完成繁衍后代的任务；雨天或球果含水量高时，因不利种子飞行，球果就会紧闭。

苏铁幼年期长，树龄10年以上才开花，是热带植物，天气冷也无法开花，所以"铁树开花"是比喻事物罕见。苏铁的花长在顶部，雌雄异株，右图为雄花群，左图为雌花群及朱红色种子。（图片提供/GFDL，右图摄影/Stan Shebs；左图摄影/Rickjpelleg）

被子植物的繁殖器官

被子植物是植物界中演化程度最高的一门，常见的植物大都属于此类。它的种子藏在果实内，受到完善的保护，所以称为被子植物。这些植物能感应环境的变化，当环境出现有利的因素（例如天气变暖），就会产生开花诱导信息，并传递到茎顶或叶腋的分生组织（可以进行细胞分裂的组织）；分生组织开始细胞分裂，形成花朵的各种构造，接着进行开花、受精、果实生长、种子成熟的繁衍步骤。

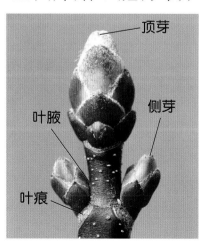

顶芽

叶腋

侧芽

叶痕

当开花诱导信息传递到植物的茎顶和叶腋时，分生组织就会开始形成花朵的构造。（图片提供/达志影像）

植物的性别

大部分植物的花朵是"两性"的，就是同时拥有雄蕊（藏有花粉）和雌蕊（藏有胚珠）；可是有些植物的雄蕊或雌蕊退化，变成只有雄蕊的雄花或只有雌蕊的雌花。如果一株植物只产生雄花或雌花，就称为"雌雄异株"，产雄花的是雄株，产雌花的是雌株，如常见的苏铁、银杏、桑树、奇异果及芦笋都是。有些植物则是雌花和雄花都长在同一株上，常见的瓜类、玉米就是"雌雄同株异花"的植物。最奇特的是木瓜，有不结果的雄株、很会结果的雌株、结果中等的两性株三种，而这三种"性别"的木瓜，除了开花习性不同之外，外表长得完全一样！

雌株木瓜的花由叶腋长出，花朵受精后，花瓣会枯萎凋落，雌蕊下方的子房则膨胀、发育成果实。（摄影/钟惠萍）

开花的条件 1

（仙人掌的花）

高等植物繁殖的第一步就是开花，当雌、雄蕊内的胚珠及花粉（即大小配子）分化完成，便会开花。开花是植物的大事，不仅生理上要达到成熟阶段，还要有足够的养分和水分配合，才能开花结果。

植物本身的成熟度

就像动物的小宝宝不能繁殖后代一样，植物年龄太小也不能开花结子，这种特性称为"植物幼年性"。幼年期的植物无论处在多么适合的环境下，或给予任何促进

枣树的幼年期短，当年种植、当年即可收成，所以有"桃三杏四梨五年，枣树当年能换钱"之说。（图片提供/达志影像）

枝条角度也会影响开花

仔细观察一株三角梅，会发现朝上长的枝条大都长势旺盛，却没有花；而水平或朝下垂的枝条虽然细瘦，却开满了花。这是因为向上长的枝条大都生长快速，养分都用在枝条上，反而没有剩余供应花芽形成；而水平或朝下生长的枝条则生长缓慢，足以让花芽得到养分的供应。农业上就应用这个道理，将向上生长的枝条拉成水平并用重物固定，以增加花芽形成的机会。

向上生长却不开花的枝条，一般称为"徒长枝"。（摄影/钟惠萍）

幼年期的常春藤呈现3或5裂掌叶，成年后的叶片则为完整的卵圆形，市面上常见的常春藤盆栽多属幼年期植株。（摄影/钟惠萍）

开花的刺激，都无法形成花芽。除了少数植物（如柑橘、常春藤、爱玉子及柏科植物）幼年期有刺或是叶片形状不同之外，大部分

都很难从外观分辨它是处在幼年期或已达到成熟阶段。科学家曾经用计算叶片多少枚、统计叶片面积大小等方法，来测定植物的成熟度，然而直到现在仍然没有定论。

每种植物的幼年期长短都不一样，像松、杉、柏等裸子植物，幼年期可以长达数十年；一般木本植物的幼年期也要4—6年。但是萝卜、油菜和日本牵牛花，在种子快萌芽时，就可以感应外界的刺激而形成花芽。

养分水分的充足准备

一朵花的形成需要无数次细胞分裂，受精之后，形成果实与种子之际，除了进行细胞分裂外，还要运输许多养分到果实和种子内储存，以供种子日后萌芽所需，这个过程需要很多能量与养分供应。很多研究结果显示，植物开花之前，体内的碳水化合物（糖类）含量要达到一定水平以上，才能形成花芽。如果植物生长在干旱地区或有固定旱季的地区，开花通常需要另一个条件：充足的水分，这样才能确保种子日后在缺水的环境下也能顺利发育。

生长在干旱沙漠中的沙漠豌豆（desert pea），只有在下雨过后、水分充足时，才能开花、结果，迅速完成繁殖的使命。（图片提供/达志影像）

开花的条件 2

（菊花）

在大自然中，日照长短和温度高低会随着季节而作循环的变化，许多植物的开花也受到这两种周期因素的影响。

昼夜的长短

昼夜长短会随着季节而变化，夏季是白昼长、黑夜短，冬季则刚好相反。许多植物利用叶片或茎顶的分生组织感应昼夜的长短，预测接下来进入的是冬季或夏季，以便为休眠或是萌芽、开花做准备。科学家发现，昼夜长短影响开花的决定因素是黑夜的长度；而对于黑夜长短的变化，草本植物通常比木本植物更为敏感。

百合喜欢阳光充足的环境，是长日照植物。日照不足，不仅会影响花芽的分化，还会影响花朵的生长发育。（图片提供/廖泰基工作室）

一品红是短日照植物，在日照短于13小时、气温15℃—21℃时，花芽就能分化。（摄影/张君豪）

对昼夜长短敏感的植物主要分三大类：第一类称为"长日植物"，通常在昼长夜短的夏季开花，如康乃馨、洋桔梗；第二类称为"短日植物"，通常在昼短夜长的秋冬季开花，如菊花、一品红；第三类称为"日中性植物"，其开花和昼夜长短无关，只要温度适合且养分足够，四季皆可开花，如玫瑰。

性喜低温的藏红花，必须经过一定的低温期，才能促使花芽分化、生长。（图片提供/达志影像）

温度的变化

原产于温带的植物（如黄金白菜、萝卜）在形成花芽前，大都要经过一段低温期（5℃左右）才能顺利开花，这种现象称为"春化作用"。另一些植物（如樱花）则在夏季形成花芽，花芽发育至秋季时则进入休眠来度过冬天，等到春天才开放。这些习性是为了保护脆弱的花芽，确定冬季过后才开始形成或发育，而冰点的温度（0℃）就是植物判别冬季的标准。

橙子开花前必须先经过凉温抑制茎与叶的生长，才有足够养分供给花芽发育。（图片提供/廖泰基工作室）

有些原产于亚热带的常绿果树，如荔枝、柑橘、枇杷等，开花前也要经过15℃左右的凉温期，不过这是因亚热带气候适合植物生长，若茎、叶生长过于旺盛，养分就不够供应花芽发育，因此需要较低的温度来抑制生长、蓄积养分。此外，有些原生于较热地区的球根花卉则是开花前要经过一段高温期，仿佛通知它们："夏天过了，凉爽的秋天来临，可以开花啰！"台湾原生的金花石蒜就是在2月底至3月初的低温期开始分化花芽，却缓慢发育至8—10月的夏天才开花。

郁金香、风信子能再开花吗

原产于温带地区的球根花卉，如郁金香和风信子，通常从荷兰空运到台湾，花期只有一两周就匆匆凋谢了。由于台湾没有像荷兰那么冷的冬季，如何让它们在来年继续开花？提供一个简便的低温处理方法：在夏天时，把种球（球茎）掘出来，阴干；到了秋末，放在冰箱冷藏库内冰存1个月，然后种入土壤，这样就能满足开花所需的低温条件了。

风信子是多年生的草本植物，花朵凋谢后，将球茎经过低温处理，明年就可继续开花。（图片提供/达志影像）

植物激素

动物具有内生激素，可以调节体内各项生理功能。植物也具有激素，除了调节生长发育，也可以影响繁殖，促进或抑制开花、结果。

植物激素的种类

目前已知的植物激素，除了已确定的生长素、细胞分裂素、激勃

将未熟的奇异果与苹果放在一起，置于室温下，苹果释放出的乙烯可加速奇异果软化。（摄影/张君豪）

素、离层酸、乙烯与芸苔素内酯6大类外，又陆续发现了多元胺、水杨酸、三十烷醇等疑似激素的物质。它们都是由植物产生的，只需微量就可以发挥作用。由于科技进步，许多植物激素的化学结构已经被分析出来，并且可用人工合成类似的物质，统称为"生长调节剂"，已广泛运用在农作物的生产上。

植物激素与繁殖

目前已知的6类主要植物激素，各有不同的生理功能，在植物的生长、发育与繁殖过程中，扮演着相当重要的角色。

激素名称	主要生理功能	与繁殖的关系
生长素	促进细胞生长和分化。	促进雌花形成、使雌花不经授粉就结果、抑制花芽形成、促进扦插发根。果实发育的早期施用会促进落果，发育晚期施用可防止落果。
细胞分裂素	促进细胞分裂、延缓老化。	打破顶芽优势、促进分枝、增加花芽形成量、促进不定芽形成。
激勃素	促进茎部抽长、种子发芽。	促进雄花形成、抑制花芽形成、诱导松柏类形成球果、取代春化作用的低温需求。
乙烯	抑制开花（菠萝除外）、促进水生植物生长、落叶。	诱导菠萝开花、抑制康乃馨花朵开放、打破荷兰鸢尾球根的夏休眠、促进果实成熟。
离层酸	诱导休眠及气孔关闭、抗耐逆境。	诱导花芽和种子休眠、诱使种子耐脱水、果实脱落。
芸苔素内酯	促进幼苗的胚轴生长。	促进花粉管生长。

激素与繁殖的关系

　　激素如何影响植物繁殖呢？科学家发现，白芥菜开花之前，根部会先产生细胞分裂素向上输送，接着白芥菜开始形成花芽，这显示细胞分裂素与白芥菜的开花有密切的关系。菠萝科的植物在施用乙烯之后，便可形成花芽，这已成为菠萝生产作业的步骤之一。

　　不过，对于激素与繁殖的关系，科学家至今还不是非常清楚。有人认为激素会影响养分的运输方向，进而控制植物的生长发育。有人认为激素能促进生长，让植物提早成熟。例如对松柏类施用激勃素，可以促进球果产生，有些科学家就认为，这是因为激勃素能促进松柏快速生长，提早结束幼年期。

　　同一种激素在不同时期会有不同效

离层酸是一种天然的生长抑制剂，会在叶柄或花柄基部形成薄膜组织，当离层酸累积到一定程度时，会阻断叶柄与植物体之间的联系，造成落叶。离层酸的分泌与日照长短有关，秋天日照减少，离层酸会增加，所以秋天是落叶的季节。（图片提供/达志影像）

植物开花是因为受到环境因子与数种植物激素的作用。图为利用X光透视的苹果花。（图片提供/达志影像）

发根剂含有生长素的成分，涂抹在枝条的切口上，可促进根的发育，提高扦插存活率。（图片提供/达志影像）

果。例如杜鹃在花芽形成前施用激勃素，会抑制花芽生成；如果在花芽形成后施用，却可加速花芽发育，提早开花。生长素在苹果和梨刚结果时施用，会造成果实脱落；但在果实快成熟前施用，却可避免落果。

矮化剂是一种生长调节剂，可以矮化植株、增加花朵数量。左图为未施矮化剂的杜鹃，右图则施用，可明显看出植株高度与花朵数量的差异。（摄影/宋馥华）

单元6

授粉与受精

（缅栀中间的黄色部分可以吸引昆虫，图片提供/维基百科，摄影/Lauren Chickadel）

植物开花不是为了炫耀美丽，而是为繁殖做准备，接下来的授粉与受精，才是确定能繁衍后代的关键。

风媒花的花粉通常又轻又小，数量庞大，以确保花粉确实传到雌蕊的柱头上。（图片提供/达志影像）

授粉

高等植物的雄配子体称为花粉，在囊状的花药里形成；雌配子体称为胚

鼠尾草花具有两瓣合生的龙骨瓣，恰似一个降落平台，可让蜜蜂停下来采蜜。（图片提供/达志影像）

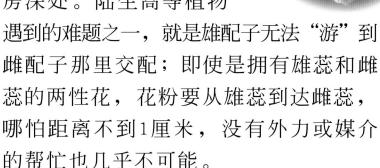

珠，藏在花朵中心的子房深处。陆生高等植物遇到的难题之一，就是雄配子无法“游”到雌配子那里交配；即使是拥有雄蕊和雌蕊的两性花，花粉要从雄蕊到达雌蕊，哪怕距离不到1厘米，没有外力或媒介的帮忙也几乎不可能。

根据授粉方式的不同，多数植物可分为风媒花与虫媒花。风媒花如松柏类、玉米等，可以产生大量且轻盈的花粉；花粉随风飞舞，幸运的就会落到雌

雄穗状花序长在茎顶，每朵雄花有3根雄蕊，各有1个大花药。
雌穗状花序从叶腋长出，雌花围绕着穗轴（茎）排列。细细的玉米须是雌花的柱头和花柱，柱头有黏性，可以黏住风中的花粉。
每一颗玉米粒都是由1个子房和1对小苞片发育而成的完整果实。

玉米雌雄异花同株，但为达成异交目的，同株的雄花会比雌花早熟数天，雄花凋谢后，雌花才会成熟。（插画/余首慧）

蕊的柱头上，达到授粉的目的。大多数的植物属于虫媒花，花粉具有黏性，会在昆虫造访时悄悄黏在它们身上；当昆虫再去造访别朵花时，便可传授到其柱头上。一般虫媒花为了吸引昆虫前来，通常会有甜甜的花蜜、艳丽的色彩，或是强烈的气味。此外，还有少数借由鸟来传递花粉的植物，称为鸟媒花；以及利用水来漂送花粉的水媒花，大多生长在水中或水边。

受精

花粉到达雌蕊的柱头之后，还有一道阻碍等着它们。由于胚珠是在子房的内部形成，为了保护胚珠，子房有很多密实的

自花授粉与异花授粉

接受同朵花或同株植物的花粉而受精称为自花授粉，接受别株植物的花粉而受精的称为异花授粉。异花授粉的好处是，让族群的基因型比较多样化，才能抵抗不良环境，所以为了增加存活的几率，植物会演化出各种隔离方式阻止自花授粉。例如十字花科的蔬菜如甘蓝菜、萝卜，以及柚子、柿子、菊花等，这类植物的柱头通常含有一种物质，让同株的花粉无法萌发花粉管，而其他株的花粉却可以，这也可视为植物的一种"优生学"手段。

西番莲的花柱与花丝不等长，还有内在自交不亲和性的问题，因此须异花授粉。（图片提供/GFDL，摄影/Fir0002）

花粉粒的大小、形状和颜色会因植物种类而异。花粉粒的表面有各种纹路及萌发孔，授粉后，花粉管会从萌发孔里长出。（图片提供/达志影像）

细胞层将胚珠紧紧包住。花粉必须萌发产生一条细长的花粉管，穿过雌蕊花柱的层层细胞间隙，最后到达子房内部，并将花粉管内的2个精细胞，经珠孔送到胚珠内，分别与胚珠中的卵结合（发育成胚）、与极细胞融合（发育成胚乳）。在胚珠受精后，珠孔会封闭，让其他晚到的花粉管无法穿入。

图为繁缕的生殖构造，两滴蓝色液体是花蜜，可吸引授粉昆虫。繁缕也能自花授粉，柱头上黏满圆圆的花粉显示，这朵花已经授粉了。（图片提供/达志影像）

果实成熟与种子散播

（椰子的果实耐水又耐盐分，可借洋流跳岛传播。图片提供/GFDL，摄影/Kurt Stueber）

当胚珠内的卵细胞受精，发育成胚，再逐渐形成种子时，子房也会跟着膨大，形成果实。果实虽然比种子显眼，但种子才是真正的主角，由果实保护着。

桑椹成熟时，颜色由红转黑，甜度增加、酸度也下降，以吸引动物的青睐。（图片提供/廖泰基工作室）

果实的变化

子房发育成果实是由内部的种子所主宰，如果胚珠内的卵细胞没有受精形成种子，子房便无法发育为果实。种子和果肉所需的有机养分来自邻近的枝叶，无机养分则靠根部吸收。例如要长成一颗完好的苹果，至少需要40片健康的叶子供应养分；一串巨峰葡萄需要10片叶子提供养分。有些果实到了发育后期，呼吸速率会突然上升（果皮表面也有气孔），这是果实成熟的信号；接着，果实会变色、变香、变甜、变软，变成让动物觉得"好吃"的状态。

雄蕊的花药里有很多花粉，每颗花粉里都有2个精细胞。

旋花科牵牛属的打碗花，全年皆可开花，每朵花可以产生6颗种子，繁殖容易，是郊外常见的野花。（插画/萧玉君）

雌蕊

花粉粒

生长中的花粉管

成熟的种子

子房

胚珠，里面有卵细胞与极细胞。

种皮

子叶

马利筋的花朵造型特殊，轮形的红色花冠上有一团黄色的副花冠，其种子长有白色冠毛，适合风力传播。不过全株有毒，不可误食。（图片提供/廖泰基工作室）

种子的旅行

种子要离开母株，到别处落地生根，才能拓展族群的领域。种子"旅行"的方法有很多种，包括借助自力、风力、水力和动物来散播。"自力散播"是靠果实本身的弹力来散播种子，例如凤仙花、洋紫荆及黄花酢浆草，这种方式有助于就近分布，形成密集小族群。靠"风力散播"的种子或果实通常既小又轻，并具有细毛、绒毛、薄膜、气囊或种翼等构造，可以随风飘送，如松树、木棉、蒲公英或杨柳等。"水力散播"的种子或果实必须比重小，或外表有一层蜡质，能够浮于水面，随着河水或洋流传播，如睡莲、椰子。"动物散播"则可分为两种：一是种子、果实上有钩或芒刺，如鬼针草、羊带来，可附着在动物身上，由动物携带到远方；另一种是果实有鲜明色彩或特殊气味，可引来动物取食，而种子又够坚硬不会被消化掉，

牛蒡的果实上长有许多钩毛，能够附着在动物皮毛或人类衣服上，因而可以传播到别处生长。（图片提供/达志影像）

单伪结果

种子会合成生长素，并促进子房组织发育为果实；如果没有受精产生种子，便不会有生长素，子房组织就无法发育为果实。科学家发现这个秘密后，就用人工合成生长素，然后用来处理葡萄花穗，使葡萄的子房在没有受精的情况下也能膨大成果实。因为没有受精，所以没有种子，葡萄也就成为"无籽葡萄"了。这种不受精的结果现象，就称为"单伪结果"。无籽香蕉则属于天然的单伪结果。

人们利用生长素取代花粉，刺激子房发育成葡萄，由于没有受精，所以没有种子。图为Autumn Royal无籽葡萄。（图片提供/维基百科，摄影/Bob Nichols）

可随着动物的粪便落在其他地方，等待时机发芽。

高等植物的无性繁殖 1

（竹子的无性繁殖，摄影/萧淑美）

除了精卵结合的有性繁殖外，植物还可进行不需精卵结合的无性繁殖，这是植物比高等动物高明的地方。

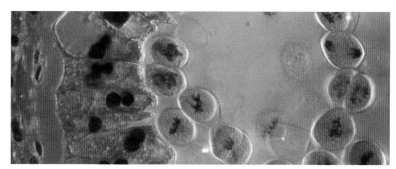

野风信子花药中的精母细胞正在进行染色体重组的减数分裂，分裂后，新细胞的染色体会比原本的细胞少一半；直到单倍体的精子与卵结合后，染色体才恢复到原本的数量。（图片提供/达志影像）

无性繁殖的特色

植物产生种子前，配子体会进行染色体数目减半的减数分裂，产生精子和卵子，再经由精卵结合回复为原来的染色体数目。虽然染色体数目没变，但染色体已经重新组合了，所以子代的遗传特征就会与亲代不同，这个过程称为有性繁殖。

除了有性繁殖外，植物绝大多数的营养器官（根、茎、叶等）都可以经过再生作用，产生新根或新芽（称为不定根、不定芽），再长成新的植株。由于没有经过减数分裂与精卵结合过程，所以称为无性繁殖。它们的细胞遗传组成与亲代一样，可说是亲代的复制品。由于是以成年植株的营养器官当繁殖体，所以再生出来的新植株，也具有成年性，不需经幼年期，就可继续繁殖。

驮子草属于虎耳草科，特色是叶子上的淡黄色小斑点，以及叶柄基部会长出小苗，因此而得名。（图片提供/达志影像）

珠芽

右图：亚洲型百合的叶腋会长出珠芽，繁殖成新的植株。（图片提供/达志影像）

自然的无性繁殖

植物利用无性繁殖，可以快速增加族群的数目、扩展生存空间，或是在环境不适合种子生长时，让族群继续繁衍，不会绝种。许多植物在自然状态下就会进行无性繁殖，例如甘薯的块根、马铃薯的块茎都可长出新芽，发育成新的植株；草莓的葡匐茎上有节，触到地面时，就可长出根和叶；洋葱、蒜头的地下球茎或落地生根的肥厚叶片剥落后，也可长成新植株。香蕉的吸芽或菠萝

水笔仔的胚轴长得很像毛笔，加上生长在水边，因而得名。（图片提供/廖泰基工作室）

左图：香蕉母株结果之后，地上部会逐渐死去，地下部的块茎则会长出许多吸芽苗。传统的香蕉繁殖就是利用吸芽苗来繁殖。（图片提供/台湾香蕉研究所）

冠芽，都可增殖为独立个体，产生新植株。柳树的枝条在生长时，便已形成根原体细胞，一旦落地即可迅速长根，成语"无心插柳柳成荫"正好印证了这个现象。

下图：草莓的种子非常小，繁殖不易，所以经常利用葡匐茎进行无性繁殖。葡匐茎上的偶数节可以长出不定根，进而生长成小苗。等小苗长出4—6片叶时，就可以与母株分离，成为独立生活的植株。（图片提供/达志影像）

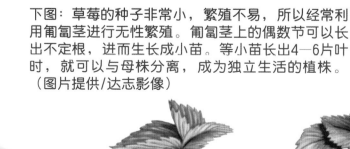

高等植物的无性繁殖 2

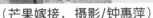
（芒果嫁接，摄影/钟惠萍）

植物的无性繁殖可以保存母株的优点，因此人们广泛用在农业上，尤其是多年生的作物、经济价值较高的花卉、水果及一些蔬菜等。

扦插和嫁接

把植物的根、茎或叶剪下来（称为扦穗），插入土中，让它生根或生芽长成新株，称为扦插法。茎部扦插是最常用的方法，但扦插初期还没长根，无法吸水，所以必须保持环境的湿度，以免植物干枯；另外，也可以施用生长素粉剂（又称发根剂）来促进生根。

嫁接就是"移花接木"

苹果的嫁接方式（插画/刘上瑞）

1.将接穗切下。2.划开砧木树皮。
3.将接穗放进砧木树皮的切口内。
4.用接带捆牢，等芽萌发就嫁接成功。

的技术，人们将植株带有芽的部分（称为接穗）移接到另一株植物（称为砧木）上，让两个切面密接、愈合，最后融合成一个新个体。这种方法可使接穗继续生长，甚至开花结果，繁殖后代，并仍保留母株的特性；同时又可以运用砧木的优点，让接穗的生长更有效率。例如苦瓜嫁接在丝瓜上，便是因为苦瓜的根容易腐烂，而丝瓜的根比较容易生长。

嫁接后，接穗和砧木会互相影响并正常生长，称为嫁接亲和力，这与遗传亲缘性及双方的生理协调性有关。亲和力高可提高花卉或果实的产量和品质；亲和力差则会造成穗砧死亡或生长弱势。分类上相近的植物，如同为瓜科的西瓜和瓠瓜，亲和力较高，比较容易嫁接成功。

将蕙兰的叶子沿着叶脉切成数片，再将叶脉端朝下插入土中，置于有明亮光线但无阳光直射处，等切口处长出根就是一棵新的植株了。（图片提供/达志影像）

台湾福寿山农场的"苹果王"，可以长出43种不同品种的苹果，是林广田、陈茂松两位技师发挥嫁接技术的成果。（摄影/傅金福）

忍冬类植物的根部具有较强的分生能力，所以可利用压条繁殖，等压入土里的枝条长出根，就可以剪离母株，另行栽植。（图片提供/达志影像）

空中压条是在强壮的枝条上，用刀子环状剥除1.5—2厘米高的树皮，然后敷上湿润的水苔，用塑料袋裹好（防止水苔干掉），大约30—40天后会长出根来，再剪下移植到土中。（插画/刘上瑞）

压条

压条分为压入土里的"地面压条"和不压入土里的"空中压条"（又称高压）。具有柔软枝条的灌木比较适合地面压条，压条前先把枝条割伤，再弯曲压入土中，让它生根长成新株。空中压条则是把枝条割伤后，用湿润的水苔或土壤包住，等枝条生根后，再剪下移植。压条的优点是枝条生根后才与母株

连理木

"连理木"是指原本两棵独立树木的枝干逐渐融合连在一起。中国古时将连理木与麒麟、凤凰及甘露视为吉祥的象征；唐朝诗人白居易在《长恨歌》中用"连理枝"比喻夫妇间的深厚爱情。发生连理木的原因可能是两棵树靠得太近，彼此枝干会相互摩擦并产生伤口，新生的愈合组织具较大的包容性，能将对方的组织一起包入，久而久之就成为一体。现今农业采用的嫁接繁殖，就是模仿、运用这种特性，再加以修正改善。

茄苳树与大叶桉合抱生成的连理木。（图片提供/廖泰基工作室）

无性繁殖vs.适用植物

繁殖方式			适用植物种类
分株			国兰类、草莓、菠萝
扦插	根		龙吐珠、甘薯、六月雪
	茎		非洲凤仙花、彩叶草、一品红、玫瑰、柳树、蟛蜞菊、绿萝、三角梅、茶花、昙花、九层塔、空心菜等
	叶		秋海棠、非洲董、落地生根、石莲、虎尾兰等
嫁接			果树类（如金煌芒果、寄接梨、柑桔），花木类（如多色三角梅、樱花），西瓜与瓠瓜
压条	地面压条		茉莉花、三角梅、茶树
	空中压条		玉兰花、荔枝、桂花

分离，水分与养分不缺乏，不仅成功率高，并能繁殖出较大的植株；缺点是无法像扦插那样大量繁殖，一般用于不易扦插的植物，如玉兰花、荔枝。

微体繁殖

（番茄的组培苗，图片提供/达志影像）

微体繁殖又称组织培养繁殖，主要是取植物微小的幼嫩组织，消毒后放入装有培养基的玻璃瓶内，再移至人工环境培养，使其长出许多芽，再由芽诱长不定根，就可成为新的小植株（称为组培苗）。

植物组织培养技术是1902年由学者哈伯兰特首先提出。（图片提供/达志影像）

微体繁殖的原理和优点

微体繁殖的发展和细胞学关系密切。科学家们在1667年发现细胞，之后又陆续发现植物细胞的各种特性，20世纪初德国的哈伯兰特等学者提出"细胞全能性"之说：给予植物的年轻细胞适当培养条件，就能经由一系列细胞分裂及分化，形成根茎叶等营养器官，长成完整植物。科学家利用这种特性，

把微小植物组织放在富含养分及植物激素的无菌培养基上，培育出许多种苗。

微体繁殖因增殖效率高，只需有限材料便可在短期内大量增殖，可加快植物繁殖速度；而一些特殊的细胞（如基因转殖细胞、突变细胞、染色体加倍的花粉细胞等）也能利用这种再生方式长成植物

微体繁殖的优点是可以一次培养出许多植株，加速繁殖速度，许多珍贵植物因而得以普及。图为番茄的微体繁殖。（图片提供/达志影像）

微体繁殖常取用的是细胞分裂活跃的生长部位，如茎顶、枝梢等。（图片提供/达志影像）

体。此外，如果利用不易感染病毒的茎顶分生组织来培养，便可产生无病毒的种苗，避免受到带病母株的影响；而组织培养

人工种子

一般微体繁殖的再生途径大多利用器官发生，即先诱导出不定芽，再诱长出不定根，就能长成独立小植株。另外也可以取细胞进行培养，诱导细胞朝向胚发育，形成胚状体。由于这些体胚没有种皮保护，因此要用一些藻胶混加养分（像种皮一样），再包覆住胚状体，然后稍加脱水，便成了人工种子（或称合成种子）。人工种子的优点是可以在工厂大量生产，方便储藏、运输，并适合机械播种。

所占的体积及空间都很小，也方便用来保存植物种原。

只要条件充足，一块微小的植物组织切片就可以发育成许多完整的植株。（图片提供/达志影像）

 ## 微体繁殖的过程

微体繁殖的第一步是选取组织，为了获得再生力较强的细胞，大都采用芽、幼胚、花药或茎顶的分生组织。接着，要消毒材料及培养基。因培养基富含养分，容易滋生病菌，造成组织死亡，因此工作人员须穿戴口罩、手套和无菌衣。将培植体材料接种至已消毒的培养基时，也须在无菌操作台上进行。一般培养基内含无机盐类、蔗糖（提供碳水化合物）、活性炭（吸收不良物质）和生长调节剂。生长调节剂有不同种类，有的促进根生长，有的促进茎生长；随着培养过程的进展，也会调整生长调节剂的比例。种苗培养出来后，要先经过一段耐旱性的驯化期，才能移到田间栽种。

微体繁殖必须在精密控制下进行，温度、湿度、光线和气体浓度都有严格标准，因而繁殖效率及品质大为提高。（图片提供/达志影像）

品种改良

产量高、品质好或是新奇特殊的品种，总是受到人们的欢迎，因此几千年来人类便尝试以各种方法进行植物的品种改良。

品种改良原理与功能

一种植物如果一直近亲交配，一些隐藏的不良基因就有机会发生作用，造成品种衰退；但如果和其他品种杂交，不仅能压制不良基因的作用，还能引入新的优良基因，而使整个品种提升。因此，植物杂交一直是培育新品种的基本方法。经由品种改良，植物的产量更高、品质更佳、对环境适应力更强、更能抗病虫害、更耐贮运加工，有时收获期还能提前或延后，以提高经济效益。

从杂交到基因改造

传统的品种改良，主要是靠农民的直觉和经验，选择他认为具有所需特性的植株进行杂交，因此可能会发生误判；另外，由于大多是借自然突变的品种来杂交，因此发展过程缓慢；再加上杂交只在比较相近的品种间进行，因而也限制了其他性状引入的机会。

植酸是植物中磷元素的重要贮存形式，但却会影响肠胃吸收营养，因此科学家试图选育出高无机磷低植酸的玉米。图中深蓝色者为高无机磷低植酸玉米的样本，浅蓝色是一般含量的。（图片提供/达志影像）

科学家利用人工授粉的方式，培育新的自交品系向日葵，以确保向日葵种子里中等量油酸的含量。（图片提供/达志影像）

自从19世纪中期，奥地利遗传学家孟德尔观察豌豆的遗传特性，提出基因的概念后，人们开始懂得利用有性生殖的遗传重组机制，有计划地杂交植物，以扩大遗传变异机会，再从中选育出比双亲更优良的新品种。后来，又陆续发展出把染色体加倍的"多倍体育种"，以及利用高温、放射线、化学药品造成染色体突变的"诱变育种"等技术。

莴苣类蔬菜（如右边的萝蔓心）加热后容易变黑，口感也不佳；但四季莴苣（左边），是改良过的品种，加热后仍可保持翠绿颜色和甜脆口感。（摄影/张君豪）

近年来由于转基因（又称基因改造）技术成熟，植物的基因来源更多样化，转基因不受亲缘性限制，非但不同种植物的基因可配在一起，甚至植物和动物、植物和细菌之间的有利基因，也都可以互相导用。以转基因技术来改良品种，既快速又有效，但也引起正负两极的评价。

墨西哥的一处温室里，正培育着深受市场欢迎的改良玉米，这种玉米经过有计划的授粉，所以必须套上纸袋保护，避免接触到不必要的花粉。（图片提供/达志影像）

多倍体植物

正常植物体细胞的染色体是2套，一套来自父本，另一套来自母本。不过有些植物具有2套以上，称为"多倍体植物"。一般多倍体植物由于基因剂量效应，所以果实大、植株壮。在自然状态下，染色体都是偶数倍（如四倍体、六倍体），但人类却利用基因技术，培植出奇数倍（如三倍体）的特殊品种。奇数倍的染色体无法正常配对，因此无法发育种子，但又有单伪结果的特性，不需种子便能自动发育为果实，正好合乎人类"只吃果肉、不想吐籽"的要求，无籽西瓜就是这样产生的。值得注意的是，有些无籽水果并非利用这种染色体的方式产生，而是经过生长素处理，使卵子未经受精就发育成果实，例如大部分的无籽葡萄。

波斯莱姆是三倍体植物，没有种子，通常利用嫁接繁殖。（摄影/张君豪）

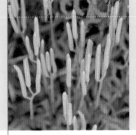
（假石松）

蕨类的繁殖

在分类学上，蕨类属于较原始的维管束植物，不会形成花或球果，也没有种子，而是靠孢子繁殖后代。

蕨类的生命史

蕨类的一生有两种不同的生命形态。一般具有根、茎、叶的植株称为"孢子体"，孢子体的叶片成熟后会产生孢子，当孢子飞到阴湿的地方，就会长

蕨类的孢子存在叶背的孢子囊中，1个孢子囊里通常有64颗孢子，有些孢子囊会成群集结成孢子囊群。（图片提供/达志影像）

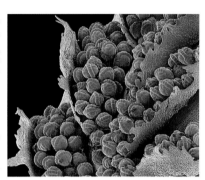

成"配子体"。配子体是指可以产生生殖细胞（卵子和精子）的构造。蕨类的配子体扁平，呈心形或圆形，约1厘米大小，含有叶绿素，可以制造养分供自己生长所需，所以又称为原叶体。

原叶体成熟后，会在腹面（与地面接触的一面）形成藏卵器（位于心形凹陷处）与藏精器（位于心形尖端处）。

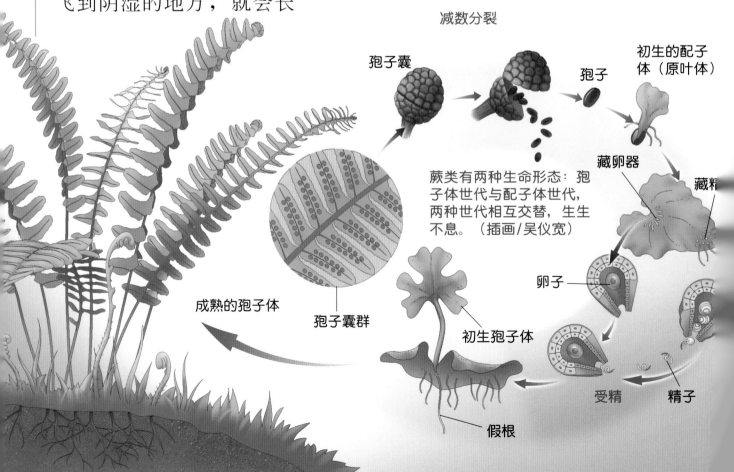

减数分裂

孢子囊　　孢子　　初生的配子体（原叶体）

藏卵器

藏精

蕨类有两种生命形态：孢子体世代与配子体世代，两种世代相互交替，生生不息。（插画/吴仪宽）

成熟的孢子体

孢子囊群

初生孢子体

卵子

受精　　精子

假根

并非所有蕨类叶片都可产生孢子，通常只有特定叶片（孢子叶）才会产生孢子，以喜欢生长在树干上的伏石蕨为例，短胖的是它的营养叶，狭长的才是孢子叶。（摄影/傅金福）

藏精器可产生许多精子，但藏卵器只能产生1个卵子；精子从藏精器游到藏卵器内，其中会有1个精子和卵子结合，发育为胚，再由胚长成孢子体，完成蕨类的世代循环。由于精子游动需要水，因此蕨类往往生长在潮湿的地方。

蕨类的无性繁殖

有些蕨类也会进行营养器官的无性繁殖，例如有些蕨类的根茎会在地下延伸很远，当根茎老的部分腐烂了，新的部分就会和母株分离，长成新株；有些蕨类则从叶片长出新

满江红

满江红的繁殖力很强，常将水田或池沼的水面盖满；当遇到低温时，叶片会变红，并把水田或池沼染成红色，所以叫满江红。满江红的叶片下方有空腔，腔内有念珠藻共生，念珠藻可以把空气中的氮气固定成植物所需的氮素，所以这对搭档是水田常用的绿肥之一。

满江红是浮水性的水生蕨类，冬天气温变冷时，叶子会由绿转红。（摄影/丁文琪）

笔筒树是一种树型蕨类，常见于潮湿向阳的山坡地上，特色是老叶脱落后，会在树干上留下疤痕，使树干看似一条蛇，因此又称"蛇木"。（摄影/宋馥华）

芽，新芽落地后也能长成新株。此外，池塘、水田常见的水生蕨类"满江红"，也是以无性繁殖为主，能够从茎部长出许多新芽，新芽再脱离长成新株，因此繁殖相当迅速。蕨类由于高效率的有性及无性繁殖，容易扩大族群及生育地，使其他物种不易入侵。

稀子蕨很珍贵，全世界只有喜马拉雅山东部及台湾有分布。其叶轴会长出拳头般的不定芽，当不定芽的重量将叶片压弯、触地后，就会开始长根，并与母株分开。（摄影/傅金福）

单元13

苔藓类的繁殖

（地钱，图片提供/维基百科，摄影/Velela）

苔藓类和蕨类的生长环境、繁殖方式都很相像。不同之处是，蕨类的孢子体比配子体发达；苔藓类刚好相反，配子体比孢子体发达。

苔藓类的生活史

苔藓类植物没有维管束，缺乏输水能力，因此体型矮小，一般不超过2厘米。它和蕨类一样，必须靠水才能繁殖，而且由于表皮缺乏角质层，因此容易吸水，也容易失水，所以必须生活在潮湿阴暗的环

苔藓类植物可促使岩石分解成土壤，又能帮助土壤保持湿润，对于自然界而言是很重要的植物。（图片提供/GFDL，摄影/Fir0002）

境。它的生活史和蕨类一样，也是孢子体与配子体世代交替的过程。不过，苔藓类与蕨类有很大的差异：苔藓类的孢子体极小，无法独立生存；一般常见的苔藓

地钱是常见的藓类植物，平铺地面的是配子体，直立的孢子体有雌雄之别。（插画/王孝廉）

呈酒杯状的孢芽杯里，长着许多深绿色小孢芽，会随雨水流至地面，长成新的配子体。

雄株生有派饼状的生殖托，中央较厚，越往边缘越薄。里面藏有十几个藏精器，当水滴落在雄托上时，藏精器会破裂，释放出精子。

雌株长有伞骨状的生殖托，内部有1个卵细胞，当精子借着水分游向雌托后，会沿着托柄的细沟往上游至藏卵器，使卵细胞受精。

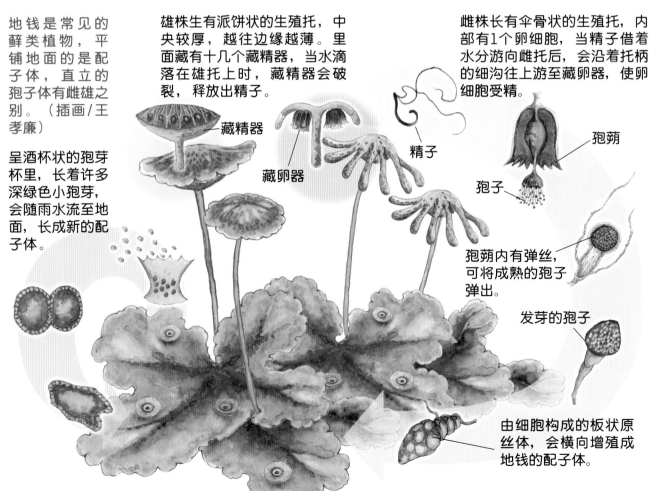

藏精器

藏卵器

精子

孢蒴

孢子

孢蒴内有弹丝，可将成熟的孢子弹出。

发芽的孢子

由细胞构成的板状原丝体，会横向增殖成地钱的配子体。

苔藓类没有真正的根、茎和叶等，但它们都有可以用来固定植株的假根。有直立的假茎，可分出茎与叶的是苔类（如左图）；藓类则平贴地面生长，呈叶片状（如地钱）。（图片提供／维基百科，摄影／Velela）

苔藓植物负责产生孢子的构造称为孢蒴（如图中的绿色水滴状部位），上面有蒴帽（图中红色尖端）覆盖，当孢子成熟时，蒴帽会脱落，孢子便随风散出。（图片提供／GFDL）

都是它的配子体，不像一般见到的蕨类和高等植物都是孢子体。苔藓类的配子体具有含叶绿素的细胞，可进行光合作用；也有假根可以吸收矿物质和水分。

苔藓类的配子体成熟时，会在表面形成藏卵器和藏精器（有些苔藓为雌雄异体，只产生藏卵器或藏精器）。当水分充足时，精子便从藏精器游到藏卵器与卵子结合，然后发育成胚，再长成孢子体。孢子体寄生在配子体上，多数细胞没有叶绿素，无法进行光合作用，只能靠一些吸收细胞伸入配子体的体内吸收养分。孢子体成熟后，会分裂产生孢子，有些藓类必须等配子体老化死亡后，孢子才会散出。

苔藓类的利用

早期人们大都把苔藓拿来当药用。19世纪末期，一位德国工人工作时受伤，现场没有棉花或布类，于是就地取材，拿一些干的水苔来包扎伤口。10天后，当他打开伤口上的水苔时，发现伤口已经愈合了。原来水苔的吸水力强，干水苔可

以吸收的水分是其重量的20倍之多，因此可以保持伤口干燥而加快愈合。水苔包扎因而在德国风行起来，直到第一次世界大战后发明出新的包扎材料才停止使用。如今水苔仍然是园艺栽培的重要介质，可以增加土壤的保水性。

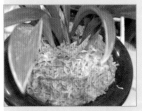

右上图为活的水苔，上图为干燥过的水苔，常被用在园艺育苗及栽培。（上图摄影／钟惠萍；右上图提供／GFDL，摄影／Denis Barthel）

 ## 苔藓类的无性繁殖

苔藓类除了孢子繁殖外，也能行无性繁殖。通常配子体较老的部分死亡后，年轻的部分就会和母株分离，产生新的个体。另外，常见的地钱（属于藓类），表面有特殊的"孢芽杯"，里面有绿色的孢芽；当雨滴打在地钱上，就可能将孢芽打散出去，于是孢芽便随着雨水流到其他地方，长成新个体。

植物繁殖的新方向

（摄影/钟惠萍）

自古以来，人类繁殖植物最大的目标就是五谷丰登、改善品质。现在由于生物科技的进步，生长调节成为新方向，希望能让植物定时定量、有计划地进行生产。

调整开花时间

有时人们希望植物快点开花结果，早点收获；有时又希望植物能晚点开花结果，以便把生产期和其他栽培者错开（才能卖到好价钱），或是避开不良气候（如台风暴雨），以及增加收成（如叶菜类

菊花是短日照植物，通常在入秋后进行花芽分化，花农用灯泡在夜间照射，延缓花芽发育，达到调节花期及增加株高的目的。（图片提供/廖泰基工作室）

叶菜类的空心菜通常在秋冬开花，但农民会尽量延缓开花时间，免得养分供给花朵后，造成茎老化，影响品质。（图片提供/GFDL，摄影/Eric Guinther）

延迟开花，可延长采收时间）。无论提早或延后，除了调整种植时间外，最根本的方法就是调节植物的开花时间。

不过，人类对植物开花还有很多未解之谜，目前只能对少数植物采用调节方法，例如控制日长（如电照菊花、一品红）、送入冷藏库（如郁金香、杜鹃）、修剪（如杨桃、释迦）、施用生长调节剂（如菠萝）等。科学家希望日后能找出和开花有关的基因，一旦掌握开花基因，就能修改开花程式，也能更精准地调节开花时间。

改变种子数量

人类对植物的种子有不同要求，例如人类爱吃柑橘、西瓜和葡萄的果肉，唯恐种子太多；有些作物如稻米、玉米或豌豆，人类吃的是它们的种子，因此希望种子能长得更多、更大、更营养。

这些需求促使人类不断改良植物品种，尤其近几十年来，生物科技的长足进步，使这方面成果丰硕。例如科学家发现，如果提供果实发育所需的激素，果实

动手做笔筒

种子不仅负有繁衍族群的使命，还是人类与动物食物的主要来源，我们日常所吃的豆类和谷类，都是种子的一种；此外，种子也能拿来做装饰哦！（制作/林慧贞）

1. 准备数种种子、可当笔筒的容器（如饮料盒）、白胶、色笔。

2. 用色笔在容器上面尽情挥洒，画出自己的得意之作。

3. 发挥创意，将种子拼贴到图画上。

杜鹃花开的秘诀

在花卉王国——荷兰，除了郁金香之外，杜鹃花可说是最重要的花卉，荷兰人利用设施进行栽培，几乎已经可以完全控制杜鹃开花的时间，以便运送、销售。那么，要如何控制杜鹃的开花呢？首先，杜鹃花的扦插苗长到一定大小时，要摘除嫩梢（摘心），促使杜鹃花产生更多的新梢；摘心后的杜鹃花，放在16小时的光照环境下，让枝梢生长约2个月，接着改成8小时光照的短日环境诱导花芽形成；短日开始后约2个月，花芽大都发育至即将进入休眠的阶段，接着放进5℃—12℃冷藏库里，如果要船运也就是在此时；约4—8星期后，花芽休眠就会结束，接着再给予16小时光照和20℃以上的温度，大约1个月后杜鹃就会开花了。

杜鹃结束休眠后，外覆的苞片会被花芽撑破，显色准备开花。（摄影/宋馥华）

便可不经受精就发育，因而不会产生种子；另外，如果培养出精核与卵核不相容的品种，受精后，种子也会发育不良或无法发育，可达到少子的目标；至于利用蜜蜂或人工辅助授粉，则可让大多数的胚珠得到受精的机会，因而得到较多种子，同时也可促进果实肥大及果型正常。

人们食用花生的种子，所以种子越多越好，一般花生为2颗种子，目前已经研发出多色彩3颗种子的改良花生。（图片提供/达志影像）

英语关键词

植物繁殖	plant reproduction
卵子	egg
精子	sperm
胚	embryo
芽	bud
授粉	pollination
受精	fertilization
顶芽	apical bud
生长点	growing point
分生组织	meristem
小苗	seedling
被子植物	angiosperm
花朵	flower
花瓣	petal
柱头	stigma
花粉	pollen
子房	ovary

胚珠	ovule
花开	bloom
种子	seed
果实	fruit
裸子植物	gymnosperm
球果	cone
蕨类	fern
孢子体	sporophyte
孢子叶	sporophyll
孢子	spore
配子体	gametophyte
配子	gamete
藓类	liverwort
苔类	moss
水苔	sphagnum
孢芽杯	gemmae cup
孢芽	gemmae

有性繁殖	sexual reproduction		植物激素	plant hormone

有性繁殖　sexual reproduction

减数分裂　meiosis

染色体　chromosome

单伪结果　parthenocarpy

多倍体　polyploid

无性繁殖　asexual reproduction

营养繁殖　vegetative reproduction

不定芽　adventitious bud

不定根　adventitious root

扦插　cutting

嫁接　grafting

压条　layering

微体繁殖　micropropagation

组织培养　tissue culture

培养基　growth media

组培苗　tissue culture plantlet

人工种子　artificial seed

植物激素　plant hormone

生长调节剂　plant growth regulator

开花素　florigen

光敏素　phytochrom

幼年性　juvenility

成熟　maturation

细胞全能性　totipotency

光周期　photoperiod

短日植物　short-day-plant

长日植物　long-day-plant

春化作用　vernalization

遗传学　genetics

基因　gene

育种　breeding

杂交　hybridization

品种　species

新视野学习单

1 多选题：下列关于高等植物繁殖的叙述，正确的请打○。

（　）高等植物可分裸子植物和被子植物。
（　）裸子植物会结果实和种子。
（　）松、杉、柏属于裸子植物。
（　）球果是被子植物的果实。
（　）花芽形成是被子植物繁殖过程的第一步。

（答案在08—09页）

2 多选题：下列关于植物开花条件的叙述，正确的请打○。

（　）植物在幼年期无法产生花芽。
（　）植物只要够成熟，即使养分累积不够，依旧可以开花。
（　）直立枝比水平枝更容易开花。
（　）有些植物花芽的形成，受昼夜长短影响。
（　）柑橘原产于亚热带，需经过凉温期抑制生长，才能开花。

（答案在10—13页）

3 连连看：请将相对应的植物激素与功能连起来。

生长素·　　　　　　　·促进花粉管生长
细胞分裂素·　　　　　·增加花芽形成量
激勃素·　　　　　　　·促进果实成熟
乙烯·　　　　　　　　·促进茎部抽长、种子发芽
离层酸·　　　　　　　·诱导花芽休眠、果实脱落
芸苔素内酯·　　　　　·促使雌花不经授粉就结果

（答案在14—15页）

4 在自然状态下，植物有哪些授粉方式？请举出3个例子。

（答案在16—17页）

5 连连看：请将相对应的种子传播方式和例子连起来。

鬼针草·　　　　　·靠自身弹力散播种子
椰子·　　　　　　·种子有绒毛，可借风力散播
西瓜·　　　　　　·耐水又耐盐分，可随洋流旅行
蒲公英·　　　　　·果实长有钩毛，会附着在动物身上
凤仙花·　　　　　·果实会吸引动物食用，种子会随着动
　　　　　　　　　　物排泄散落四处

（答案在18—19页）

6 多选题：下列关于植物无性繁殖的叙述，对的请打○。

（　）植物行无性繁殖可以快速增加族群数目、扩展生存空间。

（）无性繁殖时染色体数目没变，但染色体已经重新组合。

（）无性繁殖时染色体数目没变，但染色体已经重新组合。
（）大多数植物的营养器官（根、茎、叶等）都可行无性繁殖。
（）用扦插法繁殖植物时，要保持插穗的干燥，免得滋生细菌。
（）压条的优点是枝条生根后才和母株分离，成功率很高。
（答案在20—23页）

7 单选题：下列关于微体繁殖的叙述，错的请打×。
（）微体繁殖又称组织培养繁殖。
（）微体繁殖1次就能培养出许多组织，加快植物繁殖的速度。
（）微体繁殖的基础是哈伯兰特提出的"细胞全能性"理论。
（）所有培养基内含的生长调节剂都一样。
（）茎顶分生组织有不易感染病毒的特性。
（答案在24—25页）

8 单选题：下列关于品种改良的叙述，错的请打×。
（）植物如一直近亲交配，隐藏的不良基因就有机会发生作用。
（）经由品种改良，植物的产量更高、品质更佳、对环境适应力更强、更能抗病虫害、更耐贮运加工。
（）传统的品种改良，主要是靠农民的直觉和经验，因此可能发生误判。
（）杂交不只在比较相近的品种间进行，在没有亲缘的物种间也能进行。
（）近年来，转基因成为育种的新方法之一。
（答案在26—27页）

9 填空题：请将适当的词语填入空格。
藏精器　藏卵器　孢子体　原叶体
蕨类的_____成熟后会产生孢子，当孢子飞到阴湿的地方，会长成配子体，称为_____。配子体上有_____和_____，精子和卵子结合后，就发育为胚，然后长成新的孢子体。
（答案在28—29页）

10 多选题：下列关于苔藓类植物繁殖的叙述，对的请打○。
（）苔藓类的配子体比孢子体发达，和蕨类相反。
（）苔藓类没有维管束，缺乏输水能力，因此体型矮小。
（）苔藓类的配子体成熟时，会在表面形成藏卵器和藏精器。
（）苔藓类孢子体寄生在配子体上，靠吸收细胞伸入配子体内吸收养分。
（）苔藓类只能利用孢子行无性繁殖。
（答案在30—31页）

■■ 我想知道……

开始！

> 这里有30个有意思的问题，请你沿着格子前进，找出答案，你将会有意想不到的惊喜哦！

植物有性繁殖的第一步是什么？
P.06

植物为什么能够开花？
P.07

球果是植物的器官？

植物通常利用什么器官进行无性繁殖？
P.20

植物行无性繁殖有什么优点？
P.21

"无心插柳柳成荫"是因为柳树枝条有什么特性？
P.21

太棒得美牌！

无籽葡萄是怎么产生的？
P.19

为何苔藓类植物喜欢潮湿的环境？
P.30

水苔有什么妙用？
P.31

为什么栽培菊花需要用灯泡照射？
P.32

种子可以借由哪些方式传播？
P.19

为什么苔藓类植物都长得很矮小？
P.30

为什么笔筒树又叫"蛇木"？
P.29

颁洲

太厉害了，非洲金牌也是你的！

椰子为什么可以随水漂流？
P.19

虫媒花如何吸引昆虫来传粉？
P.17

风媒花的花粉通常有什么特色？
P.16

玉米何发

裸子
什么

P.08

为什么铁树开花很
不容易?

P.09

花芽通常会先出现在
植物的哪些部位?

P.09

不错哦,你已前
进5格。送你一
块亚洲金牌!

为什么说"枣树当
年能换钱"?

P.10

了,赢
洲金

水笔仔为什么要长
成小苗才脱离母
株?

P.21

"移花接木"
是指哪种植物
繁殖技术?

P.22

植物会利用哪些部
位的组织来感应昼
夜长短?

P.12

太好了!
你是不是觉得:
Open a Book!
Open the World!

利用压条法繁
殖有什么优点?

P.23

长日照的植物通常
在什么季节开花?

P.12

大洋
牌!

无籽水果是怎么
产生的?

P.27

连理木是怎么
形成的?

P.23

如何让开过花的
风信子明年继续
开花?

P.13

是如
成的?

.16

玉米的须须是它
的什么器官?

P.16

获得欧洲金
牌一枚,请
继续加油!

为何温带植物在开
花前,要先经历一
段低温期?

P.13

图书在版编目（CIP）数据

植物的繁殖：大字版 / 宋馥华撰文．—北京：中国盲文出版社，2014.5
（新视野学习百科；36）
ISBN 978-7-5002-5048-7

Ⅰ．①植… Ⅱ．①宋… Ⅲ．①植物—繁殖—青少年读物
Ⅳ．①Q 945.5-49

中国版本图书馆 CIP 数据核字 (2014) 第 070684 号

原出版者：暢談國際文化事業股份有限公司
著作权合同登记号 图字：01-2014-2115 号

植物的繁殖

撰　　文：	宋馥华
审　　订：	许圳涂
责任编辑：	包国红
出版发行：	中国盲文出版社
社　　址：	北京市西城区太平街甲 6 号
邮政编码：	100050
印　　刷：	北京盛通印刷股份有限公司
经　　销：	新华书店
开　　本：	889×1194　1/16
字　　数：	33 千字
印　　张：	2.5
版　　次：	2014 年 12 月第 1 版　2014 年 12 月第 1 次印刷
书　　号：	ISBN 978-7-5002-5048-7/ Q·25
定　　价：	16.00 元

销售热线：（010）83190288 83190292　　　　　　版权所有　侵权必究

绿色印刷　保护环境　爱护健康

亲爱的读者朋友：

　　本书已入选"北京市绿色印刷工程—优秀出版物绿色印刷示范项目"。它采用绿色印刷标准印制，在封底印有"绿色印刷产品"标志。

　　按照国家环境标准（HJ2503-2011）《环境标志产品技术要求 印刷 第一部分：平版印刷》，本书选用环保型纸张、油墨、胶水等原辅材料，生产过程注重节能减排，印刷产品符合人体健康要求。

　　选择绿色印刷图书，畅享环保健康阅读！